Michael Dienst

Durch Stall induzierte, nicht stationäre Jetströmungen

About Stall induced, instationary Jetstreams (StiiJETs)

GRIN Verlag

Bibliografische Information der Deutschen Nationalbibliothek:

Die Deutsche Bibliothek verzeichnet diese Publikation in der Deutschen National-
bibliografie; detaillierte bibliografische Daten sind im Internet über http://dnb.d-
nb.de/ abrufbar.

Impressum:

Copyright © 2013 GRIN Verlag GmbH
Druck und Bindung: Books on Demand GmbH, Norderstedt Germany
ISBN: 978-3-656-57532-0

Dieses Buch bei GRIN:

http://www.grin.com/de/e-book/265897/durch-stall-induzierte-nicht-stationaere-
jetstroemungen

GRIN - Your knowledge has value

Der GRIN Verlag publiziert seit 1998 wissenschaftliche Arbeiten von Studenten, Hochschullehrern und anderen Akademikern als eBook und gedrucktes Buch. Die Verlagswebsite www.grin.com ist die ideale Plattform zur Veröffentlichung von Hausarbeiten, Abschlussarbeiten, wissenschaftlichen Aufsätzen, Dissertationen und Fachbüchern.

Besuchen Sie uns im Internet:

http://www.grin.com/

http://www.facebook.com/grincom

http://www.twitter.com/grin_com

Über „durch Stall induzierte, instationäre Jetströmungen"
(Stall induced instationary Jetstreams (StiiJETs)

Intro. Der gleichförmig angeströmte, profilierte Tragflügel endlicher Spannweite besitzt eine elliptisch über den (Auftrieb erzeugenden Tragflügel-) Körper verteilte Auftriebskraft: diese hängt nach dem Satz von Kutta-Joukowski[1] alleine von der Zirkulation ab [Schl-67]. Überlagern sich an einem Strömungskörper (bei einer zweidimensionalen Modellvorstellung in der Profilebene des Strömungskörpers) ein translatorisches und rotatorisches Strömungsfeld, kommt es infolge der Zirkulation um diesen Körper zu Verzögerung der Strömung auf der einen und zu einer Beschleunigung der Strömung auf der anderen Seite. Die Zirkulation beschreibt das Maß einer sich um ein Profil drehenden Strömung. Nach der Bernoullischen Gleichung führt die Beschleunigung auf der Tragflügeloberseite zu einer Druckminderung, die Verzögerung an der Tragflügelunterseite zu einer Druckerhöhung. Im Falle des Tragflügels wird die Superposition der Effekte als Auftriebskraft spürbar. Der Druckgradient am Tragflügelende generiert eine Umströmung der Tragflächenkante. Im Nachlauf der Kantenumströmung bildet sich nun ein kompakter Wirbel aus, der in der Literatur als „durch den Druckgradienten induzierter Randwirbel" beschrieben wird. Der induzierte Randwirbel bindet einen erheblichen Anteil der zur Erzeugung der Auftriebskräfte des Systems aufgebrachten Energie. Der Wirbelzopf (Wirbelfaden) im Nachlauf einer Auftrieb erzeugenden Tragfläche ist sehr stabil. Jeder durch das Auftriebsgebaren einer Tragflügelfläche generierte Wirbelfaden besitzt eine homogene Geschwindigkeitsverteilung und ist in seinem Querschnitt kompakt.

Rotation. Befindet sich ein Auftrieb erzeugender und an seinem Randbogen einen Wirbelfaden generierender Tragflügel in einer Rotationsbewegung, bildet der Nachlauf im Strömungsfeld einen stabil abfließenden spiralförmigen Wirbelfaden ab. Im Falle einer einflügligen Rotationstragfläche ist die Wirbelfadenspirale eingängig, bei zwei- oder dreiflügligen Propellern (Arbeitstragflächen von beispielsweise Gebläsen oder Schiffspropellern) oder Repellern (Krafttragflächen, wie z.B. bei Windrädern) ist die Wirbelfadenspirale entsprechend mehrgängig. Die Wirbelfadenspirale ist eine durch die Rotationsbewegung der Auftriebstragfläche in der Strömung platzierte Struktur. In einer vereinfachenden Betrachtungsweise, erfolgt die Induktion von Geschwindigkeitsbeiträgen nun parallel der Hauptsymmetrieachse dieser Wirbelfadenspirale. Ebenfalls aus Symmetriegründen verschwinden die nicht in Richtung dieser Achse liegenden Komponenten des induzierten Geschwindigkeitsbeitrags. Dies ist vereinfacht die Kernaussage der strömungsmechanischen Wirbelspulentheorie.

Die Induktionswirkung eines Wirbelfadenelements. Für den nichttransienten Fall wird der Zusammenhang der Geschwindigkeit $\underline{v}$ in einem Aufpunkt P, also $v(x_P)$ des Geschwindigkeitsfeldes mit der Wirbelstärke $\underline{\Omega}(x_Q)$ in allen Quellpunkten eines Strömungsfeldes, dargestellt in der in der schematischen Skizze xxxx, wird ein Wirbelröhrenelement und seine Induktionswirkung auf das Strömungsfeld untersucht. Gesucht ist die in der Achse des Ringwirbels induzierte Geschwindigkeit. Das Fluid sei inkompressibel und das Wirbelröhrenelement habe die Länge $d\underline{x}$, den Querschnitt $d\underline{A}$ und das Volumen $d\underline{V} = d\underline{A} \cdot d\underline{x}$. Die Länge $d\underline{x}$ und der Querschnitt $d\underline{A}$ sollen parallel zur Wirbelstärke $\underline{\Omega}$ im Quellpunkt Q der Strömung sein. Ein Ringwirbelfaden habe eine konstante Zirkulation Γ. Auf der Achse des Ringwirbels ist aus Symmetriegründen nur die Z-Komponente der Vektors $\{v_{xP}, v_{yP}, v_{zP}\}$ der induzierten Geschwindigkeit $\underline{v}$ ungleich Null. Die von einem Wirbelfadenelement an einem

---

[1] Martin Wilhelm Kutta (* 3. November 1867 in Pitschen, Oberschlesien; † 25. Dezember 1944 in Fürstenfeldbruck) war ein deutscher Mathematiker. Nikolai Jegorowitsch Schukowski (russisch: Николай Егорович Жуковский, wiss. Transliteration *Nikolaj Egorovič Žukovskij*, häufig als *Joukowski* transkribiert; * 5. Januar[jul.] / 17. Januar 1847[greg.] in Orechowo, Gouvernement Wladimir; † 17. März 1921 in Moskau) war ein russischer Mathematiker, Aerodynamiker und Hydrodynamiker. Er gilt als Vater der russischen Luftfahrt.

beliebigen Aufpunkt im Strömungsfeld induzierte Geschwindigkeit $\underline{v}$ ist proportional der Wirbelstärke Ω und dem Volumen des Wirbelfadenelements also die Änderung der induzierten Geschwindigkeit:

$$dv \sim \Omega \, dV$$

Die Richtung der induzierten Geschwindigkeit $\underline{v}$ steht senkrecht auf den Vektoren $\underline{\Omega}$ und $\underline{r}$

$$dv \sim \underline{\Omega} \times \underline{r}$$

Für einen Volumenstrom durch eine beliebige Fläche gilt immer $V = \int \underline{v} \, d\underline{A}$ und längs einer beliebigen geschlossenen Kurve gilt immer $\Gamma = \int \underline{\Omega} \, d\underline{A}$.

Zirkulation $\qquad\qquad \Gamma = \int \underline{v} \, dx = \int \underline{\Omega} \, d\underline{A}$

Die Geschwindigkeit, die ein Element des Ringwirbelfadens im Aufpunkt P induziert ist gegeben mit

Geschwindigkeitsgradient $\qquad d\underline{v}(x_P, t) = (\Gamma/4 \cdot \pi)\,(d\underline{x}_Q \times \underline{r}) / r^3$

Geschwindigkeit $\qquad\qquad \underline{v}(x_P, t) = (\Gamma/4 \cdot \pi)\,\int (d\underline{x}_Q \times \underline{r}) / r^3$

Der Beitrag dieser Geschwindigkeit zu Z-Komponente v_{zP} des Geschwindigkeitsvektors $\underline{v}$ ist

Geschwindigkeitskomponente $\quad dv_{zP} = dv \cdot \cos(a)$

mit $\cos(a) = R / (R^2 + z^2)^{1/2}$ ist die Z-Komponente v_{zP} des Geschwindigkeitsvektors:

$$v_{zP} = dv \cdot \cos(a) \quad = (\Gamma/4 \cdot \pi) \cdot (R / (R^2 + z^2)^{1/2}) \cdot (d\underline{x}_Q \times \underline{r}) / r^3$$

mit $(d\underline{x}_Q \times \underline{r}) = r \cdot d\underline{x}_Q$ und $d\underline{x}_Q = R \cdot d\beta$ und $r = (R^2 + z^2)^{1/2}$ und der Integration über die Kreislinie $\{0 .. 2\pi\}$ folgt:

$$v_{zP} = (\Gamma/2) \cdot (R^2 / (R^2 + z^2)^{3/2})$$

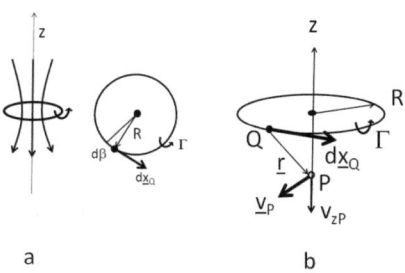

a $\qquad\qquad\qquad\qquad$ b

Figur 1 a. Schematische Darstellung des Wirbelspuleneffektes an einem Ringwirbelfaden. Figur 1 b. Vereinfachende Annahmen zur induzierten Strömungsgeschwindigkeit in der Symmetrieachse.

Transiente Effekte. Erfährt eine fluidmechanisch wirksame Tragflügelfläche eine (plötzliche, rasche) Änderung der Richtung ihrer Anströmung, kommt diese mit einer (scheinbaren) Vergrößerung des

Anstellwinkels in einen Bereich (mehr oder weniger) spontaner Strömungsablösung. Der Auftrieb des Tragflügelsystems, bzw. die Querkraft sinkt schlagartig. Dieser Zustand wird als „Stall" bezeichnet. Vom Tragflügel wird auch als Richtungsänderung der Strömung „empfunden" wenn sich die Vertikal- und Horizontal-Komponenten des Geschwindigkeitsvektors schnell ändern und damit der Anstellwinkel des Profils des Tragflügels gegenüber der resultierenden (scheinbaren) Anströmung variiert. Stall kann also auftreten, wenn sich eine oder beide Komponenten des Geschwindigkeitsvektors ändern.

Zirkulation:	Γ	[m2s-1]	$\Gamma = F(c_L, v, t)$ $\Gamma = \frac{1}{2} c_L v t$
mit:	v	[ms-1]	(scheinbare Anströmgeschwindigkeit)
und:	v		$\underline{v} = (v_T \times v_V)$ $= F(v_{Tangential}, v_{Vertikal})$
	t	[m]	Tragflügeltiefe
	c_L	[-]	Querkraftkoeffizient (Liftbeiwert)

Die Produktion des Randwirbels dieser Tragfläche ist physikalisch mit der Ursache der Querkraft verknüpft. Die Zirkulation ist eine Funktion der (scheinbaren) Anströmgeschwindigkeit v, die sich vektoriell aus der Summe aller Tangential- und der Vertikalgeschwindigkeit ergibt, des fluidmechanischen Querkraftgebarens des Tragflügels, dargestellt durch den Auftriebskoeffizienten cL und der Tragflächentiefe t. Im stationären Fall ist die Zirkulation des Randwirbelfadens ist verantwortlich für einen in der Umgebung (des Wirbels) induzierten Geschwindigkeitsanteil der Strömung.

Herrscht am Querkraft generierenden fluidmechanischen System der Stall-Zustand, bricht die Querkrafterzeugung am Tragflügel zusammen. Nun wird auch die Zirkulation des Randwirbelfadens sehr klein oder geht gegen Null. Die Energie, die im bis dahin generierten Wirbelfeld gespeichert ist, kann beim Zusammenbruch dieses Feldes nicht ohne weiteres verschwinden. Sie wird vielmehr in Bewegungsenergie umgewandelt, die sich als „Selbstinduktionsgeschwindigkeit" äußert und wird wirksam wird, als Komponente des in der Umgebung des Wirbels induzierten Geschwindigkeitsanteils der Strömung. Es ist also letztendlich der Stallprozess an der Tragfläche, der über den von einem Kollaps der Querkraft getragenen Einbruch der Zirkulation des Wirbelfadens, einen Anteil zu der in der Strömung induzierten Geschwindigkeit beiträgt. Je nach der im Wirbelfeld gespeicherten Arbeit (Wirbelenergie), sollte die vektorielle Geschwindigkeitsänderung auch groß sein. Die aufgrund von „Stall" induzierte Geschwindigkeitsinduktion ist ein nichtstationärer Vorgang. Der Stall produziert eine lokale „Jetströmung". Ich möchte den durch das Kollabieren der Tragflügelspitzenzirkulation hervorgerufene Strömungsphänomen eine

durch Stall induzierte, instationäre Jetströmung (stall induced instationary Jetstreams, **stiiJET**)

nennen. Dieses Postulat sei der Kern des vorliegenden Aufsatzes sein.

Das Phänomen produktiver Zirkulationsgradienten bei der durch Stall induzierten, instationären Jetströmung (stiiJET) kann einmalig auftreten oder zeitlich variant, periodisch-intermittierend oder stochastisch verlaufen. Die Phänomenologie der Wirbelspirale[2] legt nun den Schluss nahe, dass auch im transienten Fall die durch Stall induzierten Geschwindigkeitsbeiträge der Jetströmung (stiiJETs) entlang und in Richtung der Symmetrieachse der Wirbelfadenspirale wirksam werden. Es ist zu vermuten, dass dann die Jetströmung mit der Frequenz des Zirkulationsgradienten pulsiert.

Elektrodynamische Analogie. Der Aufsatz postuliert eine fluidmechanische Analogie zu dem elektrodynamischen Phänomen des „zusammenbrechenden" Magnetfelds in einer elektrischen Induktions-Spule". Der Effekt findet in der Elektrotechnik umfangreiche Anwendung, beispielsweise bei einem mit Wechselspannung betriebenen Transformator oder der FZ-Zündanlage für Ottomotoren. Hier wird beim Zusammenbruch des magnetischen Feldes um die Primärwicklung der elektrischen Zündspule in der Sekundärwicklung eine sehr hohe Spannung induziert.

---

[2] Dienst, Mi. (2013). Beitrag zur Phänomenologie der fluidmechanischen Wirbelspirale. GRIN-Verlag GmbH München

Verallgemeinernd wird unter elektromagnetischer Induktion das Entstehen eines elektrischen Feldes als Folge der Änderung der magnetischen Flussdichte verstanden. Die elektromagnetische Induktion wurde 1831 von Michael Faraday[3] entdeckt. Bei der durch die Änderung der magnetischen Flussdichte auftretenden Spannung handelt es sich um eine so genannte Umlaufspannung oder Induktionsspannung, die durch geschlossene elektrische Feldlinien (Wirbelfeld) dargestellt wird, in Unterschied zu einem Potentialfeld etwa. Größe und Gradient der Induktionsspannung steigt und ist gekennzeichnet dadurch, dass

- je schneller sich der räumliche Anteil des von der Spule umfassten Magnetfeldes ändert,
- je stärker sich das von der Spule umfasste Magnetfeld ändert,
- je schneller die Änderung der Stärke des Magnetfeldes erfolgt.

Das Magnetfeld für die elektromagnetische Induktion kann sowohl durch Dauermagneten als auch durch Elektromagneten erzeugt werden. Die elektromagnetische Induktion wird dadurch erklärt, dass in der Spule bei Ein- und Ausschalten durch die dabei entstehenden Flussänderungen eine Spannung induziert wird, die nach der Lenzschen Regel ihrer Ursache entgegen wirkt.

Die so genannte „Selbstinduktion" tritt dann auf, wenn Feld- und Induktionsspule identisch sind. Ein Beispiel: Eine Spule mit der Länge L hat n Windungen. Es fließt ein Strom der Stärke I und in der Spule tritt mit einem konstanten Proportionalitätsfaktor μ der magnetischen Leitfähigkeit oder Permeabilität, ein Magnetfeld der Stärke B auf:

Magnetische Feldstärke	B	$= \mu\, n\, I\, /L$	$[A\,m^{-1}]$
Magnetischer Fluss	Φ	$= B\, A = \mu\, An\, I\, /L$	[Wb]
Induktionsspannung	U_{ind}	$= -n\, d\Phi = -n\ \mu An\, dI\, /L$	[V]
	U_{ind}	$= S\, dI$	[V]
mit	S	$= \mu\, A\, n^2\, dI\, /L$	[H]
magnetische Feldenergie	W	$= \frac{1}{2}\, S\, dI^2$	[W]
magnetische Leitfähigkeit	μ		[-]

Eine Induktionsspannung tritt bei (plötzlicher, rascher) Änderung des magnetischen Flusses durch eine orientierte Fläche A auf, aber die einzige veränderliche Größe in dieser Form ist die Stromstärke I. Der konstante Faktor vor der Stromstärkeänderung ist die Induktivität S der Spule, eine für Spulen charakteristische Größe. Die in der Spule gespeicherte Arbeit ist die magnetische Feldenergie W.

Trägt man Erkenntnisse zur elektromagnetischen Induktion zusammen, ergibt sich ein Beobachtungsrahmen für eine fluidmechanische Analogie zu dem kollabierenden Magnetfeld in einer elektrischen Spule. Dort wird eine Spannung induziert, wenn sich das Magnetfeld ändert. Das Magnetfeld eines stromdurchflossenen Leiters (einer stromdurchflossenen Leiterspule) ist in der Lage, Arbeit an einem (magnetisierbaren) Körper zu verrichten, wenn dieser sich im Magnetfeld befindet. Eine stromdurchflossene Leiterspule bildet ein nichthomogenes magnetisches Feld aus. In einem nichthomogenen Magnetfeld ist die Feldstärke örtlich verschieden. Die Feldlinien liegen unterschiedlich dicht.

Betrachten wir zum Abschluss nun ein paar (notleidende) Sätze der Elektrotechnik, die in späteren Untersuchungen auf Strömungsmechanik angewendet werden sollen:

- Selbstinduktion: An einer Spule wird beim Einschalten eines durch ihre Windungen fließenden Gleichstroms zwischen ihren Enden selbst eine Gegenspannung erzeugt.

---

[3] Michael Faraday, * 22. 9. 1791 in Newington, Surrey; † 25. 8. 1867 in Hampton Court Green, Middlesex. Faraday war englischer Naturforscher und gilt als einer der bedeutendsten Experimentalphysiker.
Als grundlegend gelten die Entdeckungen der „elektromagnetischen Rotation" und der elektromagnetischen Induktion. Seine anschaulichen Deutungen des Diamagnetismus mittels Kraftlinien und Feldern führten zur Entwicklung der Theorie des Elektromagnetismus.

- Die Energie, die in einem Magnetfeld gespeichert ist, kann beim Zusammenbrechen dieses Feldes nicht ohne weiteres verschwinden. Sie wird vielmehr in elektrische Energie umgewandelt, die sich im Auftreten einer hohen Selbstinduktionsspannung zeigt.
- Die Selbstinduktionsspannung ist besonders hoch, wenn die Spule viele Windungen (und einen geschlossenen Eisenkern) besitzt und der Stromfluss möglichst groß ist.
- Ändert sich (innerhalb einer bestimmten Zeitspanne) die Stärke des Stroms, der die Windungen einer Spule durchfließt, so ändert sich auch die Dichte der Feld-Linien des magnetischen Feldes.
- Eine sich ändernde Dichte der Feldlinien induziert (selbst) eine Spannung (Selbstinduktionsspannung) in der Spule.
- Je größer die Änderung des Magnetfeldes und je schneller sie erfolgt, desto größer ist die (selbst) induzierte Spannung.

Zusammenstellung der das Gesetz von Biot [4]und Savart betreffenden Symbole, Größen und ihre Einheiten in der Elektrotechnik und in der Strömungsmechanik					
Elektrotechnik			**Strömungsmechanik**		
Symbol		Einheit	Symbol		Einheit
S	Elektrostatische Kraftlinien		S	Stromlinien im Strömungsfeld	
I	**Stromstärke** des Stromleiters	A	Γ	**Zirkulation** des Wirbelfadens	$m^2 s^{-1}$
Q	Quelle der magnetischen Induktion		Q	Quellpunkt der Wirbelinduktion	
P	Aufpunkt der magnet. Induktion		P	Aufpunkt der Wirbelinduktion	
H	**Feldstärke**, induzierte magnetische	$A\,m^{-1}$	v	**Geschwindigkeit**, induzierte	$m\,s^{-1}$
r	Ortsvektor (Quelle-Aufpunkt)	m	r	Ortsvektor (Quelle-Aufpunkt)	m
s	Längenkoordinate (Stromleiter)	m	s	Längenkoordinate (Wirbelfaden)	m
ds	Magnetische Feldlinienelement	m	ds	Wirbelfadenelement	m
q	Elektrische Ladung			räuml. Quell- u. Senkenströmung	
dH(r)	Änderung der Feldstärke $dH(r) = I \cdot (ds \times r) / 4\pi r^3$	$A\,m^{-1}$	dv(r)	Geschwindigkeitsgradient $dv(r) = \Gamma \cdot (ds \times r) / 4\pi r^3$	$m\,s^{-1}$
H(r)	Induziertes magnetisches Feld H um einen geraden, stromdurch-flossenen Leiter: $H(r) = I / (2\pi r)$	$A\,m^{-1}$	v(r)	Induziertes Geschwindigkeitsfeld v eines (ebenen) Potentialwirbels : $v(r) = \Gamma / (2\pi r)$	$m\,s^{-1}$
Das Gesetz von Biot und Savart für spiralenförmige Leiter (Elektrotechnik) und Wirbel (Strömungsmechanik)					
n/2π	Windungszahl einer elektr. Spule		n/2π	Windungszahl einer Wirbelspirale	
L	Länge der elektrischen Spule	m	L	Länge der Wirbelspirale	m
H	Ein elektr. Leiter, der von einem Strom I durchflossen wird, induziert ein Magnetfeld der Stärke H	$A\,m^{-1}$	v	Ein Wirbelfaden, der sich mit der Intensität Γ dreht, induziert ein Geschwindigkeitsfeld v	$m\,s^{-1}$
H	Magnetisches Feld einer elektrischen Spule: $H = I \cdot n / L$	$A\,m^{-1}$	v	Geschwindigkeitsfeld einer Wirbelspule $v = \Gamma \cdot n / L$	$m\,s^{-1}$
H	Wird ein elektrischer Leiter zu einer Spirale (Spule) gewunden, konzentriert sich das Magnetfeld H	$A\,m^{-1}$	v	Ist ein Wirbelfaden als Spirale gewunden, wird das Geschwindig-keitsfeld v konzentriert.	$m\,s^{-1}$
			Ω	Wirbelstärke $\Omega(Q)$ inQuellpunktenQ Wirbelfeld $\Omega = rot\ v$	

Es gelingt mir derzeit nicht, das Phänomen der **StiiJets** zu quantifizieren, noch eine geschlossene Theorie zu liefern. Möge in einem günstigen Fall dieser Aufsatz einen Beitrag leisten zu einer Hypothese über „durch Stall induzierte, instationäre Jetströmungen", zu weitergehender Theorienbildung und zu Forschung auf dem Gebiet der nichtstationären Strömungsmechanik.
Mi. Dienst, Berlin 65 am 6. Dezember 2013

---

[4] Jean-Baptiste BIOT wurde am 21. April 1774 in Paris geboren und starb am 3. Februar 1862 ebenda. 1797 wurde er Professor für Mathematik an der École Centrale in Beauvais, im Jahr 1800 Professor der Physik am Collège de France in Paris, sowie 1809 Professor der Astronomie.